水果拼盘制作宝典

朱文彬——主编

吴振鹏 张 波——副主编

海峡出版发行集团
THE STRAITS PUBLISHING & DISTRIBUTING GROUP

福建科学技术出版社
FUJIAN SCIENCE & TECHNOLOGY PUBLISHING HOUSE

图书在版编目（CIP）数据

水果拼盘制作宝典 / 朱文彬主编. —福州：福建
科学技术出版社，2022.3
ISBN 978-7-5335-6598-5

Ⅰ.①水… Ⅱ.①朱… Ⅲ.①水果－拼盘－制作
Ⅳ.①TS972.114

中国版本图书馆CIP数据核字(2021)第257709号

书　　名　水果拼盘制作宝典
主　　编　朱文彬
出版发行　福建科学技术出版社
社　　址　福州市东水路76号（邮编350001）
网　　址　www.fjstp.com
经　　销　福建新华发行（集团）有限责任公司
印　　刷　福州德安彩色印刷有限公司
开　　本　889毫米×1194毫米　1/16
印　　张　8.5
图　　文　136码
版　　次　2022年3月第1版
印　　次　2022年3月第1次印刷
书　　号　ISBN 978-7-5335-6598-5
定　　价　65.00元
　　　　　书中如有印装质量问题，可直接向本社调换

Contents
目 录

▶ 云端视频链接

第一章

基础知识

水果切雕工具

·长水果刀

有多种规格，刀长从 25 厘米到 36 厘米不等，可据自己的喜好选择。新买的刀，前面的半圆形刀头通常比较厚，将它磨薄后有利于切西瓜皮草花，且不容易卡刀。

·尖刀

用法与长水果刀基本相似。

·雕花刀

刀刃尖锐而锋利，主要用于雕刻。市场上常见的有弯刀、直刀两种，也可以自制。

市场上的产品，刀面常常比较宽，买回来后可以将刀面磨窄，刀头磨尖、磨薄，更适于精细的雕刻；也可以利用普通的水果刀、西餐刀改制而成。磨刀是很考验人耐心的活儿，不能贪快而烧坏刀口。

下图中，①②③为市售三件套雕花刀；④⑤⑥为自制雕花刀，其中④⑤是利用旧的长水果刀磨制而成的，适用于精雕细刻，⑥是用西餐刀磨制而成的镂空刀，专门用来雕刻厚的瓜皮或雕刻瓜瓤。

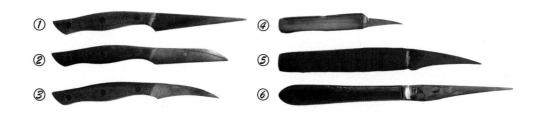

·挖球器

用于挖水果球，挖勺有不同的尺寸。

果盘

果盘的直径从十几厘米到五十几厘米都有，分别可以容纳一到二十几人份。

高档场合可以选用水晶制品或金银制品。

装饰物

常用的装饰物有樱桃、芫荽、兰花、伞签、旗签、果叉等。

卫生工作

（1）水果操作间必备的物品：帽子、口罩、袖套、围裙、一次性手套、消毒水、漂白水、清洁剂、钢丝球、灭蚊灯、展示柜、垃圾桶、垃圾袋、拖把、垃圾铲等。

（2）在加工水果前须戴上帽子、口罩、袖套，围上围裙，用消毒液洗手，并对砧板、水果刀和毛巾作消毒清洁处理。

（3）所有水果在切制或摆盘前必须清洗干净。尤其是直接放入果盘中的小水果，应先放入盐水或清水中浸泡半小时，再用清水清洗，滤干后方可食用。

（4）每切完一种水果后应马上清洗砧板，特别在切柠檬、橙、橘子等酸味较重的水果时。

（5）果盘最少每星期要用漂白水漂洗一次，抹布和砧板每天都要漂洗，漂洗完后在盆中装入热开水，切一个柠檬放入水中，将砧板和抹布放入水中清洗可除去漂白水的味道。

（6）禁止在操作过程中使用杀虫剂和空气清新剂。

（7）将垃圾桶套上垃圾袋，用完后盖上盖子，及时清理出去，避免滋生虫子和招来蟑螂、苍蝇、老鼠。

水果切雕要点

（1）水果必须新鲜，成熟程度适中，过熟的水果会影响加工和摆放。

（2）尽量现做现出，水果肉与空气接触时间过长会使营养丧失，从而影响口感。

（3）不同的水果肉与空气接触后的氧化速度不同，据此，一般先切西瓜，再雕花或切草花，然后依次切制菠萝、橙、苹果，最后才切制其他水果。香蕉和梨最容易变色，所以放在最后切制。

（4）可以先将食物材料准备好，保鲜备用。切制好的橙角放入大果盘或保鲜盒中，用保鲜膜封好备用。哈密瓜去皮，切好后直接用保鲜膜包好备用。

（5）要保证食用方便，无论采用何种方法，切出的水果厚薄、大小要适宜。

（6）水果经 4 ~ 10℃冷藏后口味更佳，结冰或太冻会影响水果的口感。

常见水果的食用和挑选技巧

·菠萝

【食用窍门】　菠萝削皮后切成小块，要放在盐水里（微咸即可）浸泡几分钟后才能食用。榨菠萝汁时可以加上少许食盐，因为食盐可以破坏菠萝蛋白酶，防止食用后引起过敏。

【挑选方法】鲜食以果色新鲜、果形端正、果身坚实、熟度八成为好。

·苹果

【食用窍门】　切好的苹果同空气中的氧接触后容易变成深棕色。用淡盐水，或冷藏的七喜或雪碧来浸泡切好的苹果，可延缓变色，并使苹果更加香甜爽口。对于榨好的苹果汁，也可以加少许冷藏七喜或雪碧延缓变色。

【挑选方法】　要选个头均匀，表皮光滑芬芳，没有虫斑、淤伤，无脱水起皱现象的。在灯光下发亮的苹果一般都是经过上蜡处理的，去蜡时将苹果用水浸湿，将白糖或盐抹在苹果上来回揉搓，然后用清水冲洗干净即可。

·西瓜

【食用窍门】　可以将瓜瓤切下后放入榨汁机榨成西瓜汁饮用。有籽西瓜在榨汁时不应放入搅拌机搅拌，被搅拌机搅烂的瓜籽和西瓜汁混在一起会有一股青气味，正确的方法是用榨汁机而不是搅拌机。

【挑选方法】挑选西瓜的基本方法有：看、摸、敲、掬、弹。

（1）首先看西瓜的外壳，熟瓜表面光滑，瓜纹墨绿，瓜体匀称，花蒂小而向内凹，瓜柄呈绿色，没有拧过和干枯的现象。

（2）用手摸瓜皮，感觉滑而硬的为好瓜。

（3）用左手托住西瓜，用右手掌拍或用中指弹敲，熟瓜会发出"嘭嘭嘭"的闷声，生瓜会发出"当当当"的清脆声，弹敲时发出"噗噗噗"声的则是过熟的瓜。

（4）掬就是用双手掬起西瓜放在耳边轻轻挤压，熟瓜会发出"嗞嗞"声。

（5）弹就是用手托起西瓜用手指弹，托瓜的手感到颤动震手的是熟瓜，没有震手的是生瓜。

（6）也可将西瓜放入水中进行判断，浮在

水面上的是熟瓜，沉下去的是生瓜。

（7）用手挤压西瓜，瓜皮向下塌陷者为不新鲜的西瓜。

·梨

【食用窍门】

（1）吃库尔勒香梨时不用去皮，洗干净即可，香梨的皮上含有独特香气，去皮后则失去香味。在做水果拼盘时，香梨也是整个放入果盘的。

（2）梨子去皮后容易变色，在做水果拼盘时要随用随切，并要用淡盐水，或冷藏七喜、雪碧浸泡后才可摆放。

（3）榨汁时，也可加少许冷藏七喜或雪碧防止氧化变色。

【挑选方法】 挑选时要看表皮是否有脱水起皱的迹象，如起皱则表示存放时间过长，梨会发酸，食用时会有酒精的味道。挑选时要选手感厚重，水分充足，散发香气的梨。

·葡萄

【食用窍门】

（1）在摘葡萄颗粒的时候要注意不能扯，可以用剪刀剪，或将葡萄以旋转的方式扭下来，直接扯下的葡萄容易变烂。

（2）在鲜榨葡萄汁时不要剥葡萄皮，剥皮后在口味上不如没剥皮的好喝。

【挑选方法】 要挑没有腐烂、没有烂斑点的，颗粒均匀、饱满发亮的为上品。

·桃子

【食用窍门】 将桃子用盐揉搓一下后用清水洗净后食用，可避免桃子上的毛沾上皮肤会引起搔痒和过敏。

【挑选方法】 要选熟透的桃子，桃子表面越红越好，用手轻捏有软软的感觉。熟过头的桃子一捏表皮就会下陷，且表皮会破损有汁流出。

·香蕉

【食用窍门】

（1）香蕉应该即剥即食，去皮后的香蕉不宜与空气长时间接触，否则果肉与氧气接触后容易变色发黑。

（2）在做水果拼盘时，将香蕉洗干净后不用剥皮直接摆入果盘即可。

（3）做水果沙拉时加入香蕉段，香甜滑口。

（4）如果买回来的香蕉有青涩的味道，只需将它吊放在温度高一点的地方放几天即可将之催熟，或者将它和苹果放入同一个塑料袋，扎紧口捂几天也可以达到同样的效果。

【挑选方法】 挑选香蕉时要选表皮金黄，色泽光亮的。是否新鲜主要看成串的香蕉被割下时留下的柄是否变黑，如果果柄和果皮有黑色的霉变，则它是不新鲜的。表皮泛青的香蕉涩口。

·奇异果

【食用窍门】 将生奇异果和苹果放在一起，用塑料袋封好口，放两至三天后，可起到催熟的作用。高温会使奇异果早熟，如需长期保存奇异果，应注意避免。

【挑选方法】 选奇异果时要挑个头浑圆，用手捏有绵绵的感觉，但不是烂透的那种绵，如有破皮和有汁流出，则为熟烂的，吃时会有酒精的味道。

第二章

常见水果的切法

西瓜

正方形

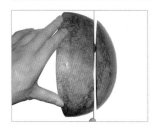 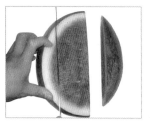 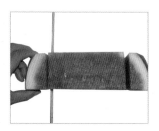 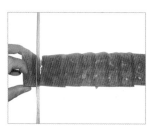

1. 取 1/4 个西瓜，将右侧切除，留中部 8 厘米。

2. 再将西瓜向左翻倒、切去左侧，中间留宽约 8 厘米。

3. 切头去尾。

4. 再切成厚约 1 厘米的片备用。

三角形

1. 取 1/8 个西瓜，去皮，修除边角。

2. 切成约 1 厘米厚的片。

3. 如图摆入盘中即可。

V 形

1. 取 1/8 个西瓜，切去两头边角。

2. 切去一侧边缘的部分瓜皮，切割前可以先顺着瓜皮划出线条。

3. 切片。

4. 摆盘。

心形

1. 取 1/8 个西瓜，取中段，去皮后修除边角。

2. 定好中线，切约 0.8 厘米深。

3. 从两边下刀切至中线。

4. 将成型的心形西瓜切成片。

火山形

1. 取 1/8 个西瓜，切去头尾。

2. 以直刀法去皮。

3. 再切去不规则部分。

4. 第一刀从下向上斜切约 0.8 厘米深。

5. 第二刀切至第一刀根部。

6. 再切出一道坎。

7. 将成型的山火形西瓜切成约 1 厘米厚的片。

8. 以刀作尺，将切好的西瓜向前推，摆成一条直线。

桃形

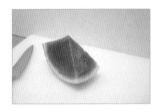

1. 取 1/16 个西瓜。

2. 切去大部分瓜皮，只留尖端的瓜皮，再将背部的瓜肉边缘修圆。

3. 将刃部的瓜肉边缘也修圆。

4. 横切成 1 厘米厚的片。

齿形

1. 取 1/8 个西瓜，在 1/3 处横切开。

2. 将切下的小块西瓜切成 3 等份。

3. 修除余边。

4. 在瓜肉上切出牙状。

5. 将底部切平，用于摆放。

6. 摆放成型。

·应用实例·

带角瓜瓣

1. 将一块西瓜的瓜肉、瓜白与瓜皮分开至2/3处。

2. 先在瓜皮右侧向外斜切一刀至断，再从同一起点向内斜切一刀不断，形成 V 形刀痕。

3. 将瓜皮折起架在瓜白上即可。

刃形

1. 取1/8个西瓜，切去边角。

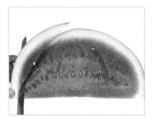

2. 将西瓜翻转放下，以弧形刀法切去一头的边角。

3. 以弧形刀法连皮切成厚约1.5厘米的块。

梭形

1. 取1/8个西瓜，对切。

2. 再从中间斜切。

·应用实例·

哈密瓜

扇形

1. 切取 1/8 个哈密瓜。

2. 切去中间带籽部分。

3. 切去头尾。

4. 以平刀去皮。

5. 在背部切三条 V 形小槽。

6. 继续将哈密瓜切成薄片即可。

V 形

1. 取 1/8 个哈密瓜，去籽。

2. 去皮。

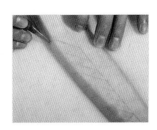
3. 用刀在中间定好一条中线，在右边用小刀每隔 1 厘米斜切一刀。

4. 在左边按同样的方法切出对称的 V 形角。

蝴蝶型一

1. 取 1/4 个哈密瓜，从中对切。

2. 去籽后切去瓜尖，两头大小基本一致。

3. 去皮。

4. 立起将底部切平。

5. 修边。

6. 在瓜背中心切出一个大V形。

7. 在大V形的两侧各切出两个小V形。

8. 切成厚约1厘米的片。

蝴蝶型二

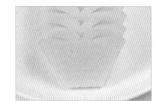

将哈密瓜按上一例步骤1~4切成肉块，而后在上部切出像触须的形状，再横切成1厘米厚的薄片即成。

瓜角一

1. 切取1/8个瓜，去籽。

2. 再切分3份，得1/24个瓜。

5. 将切出的瓜皮向内、向上折叠，使果肉上翘。

3. 将瓜皮与肉切分至约4/5处。

4. 在瓜皮内往基座方向斜切一刀至瓜皮外。

瓜角二

1. 按瓜角一步骤1～3切好后，在瓜皮内略偏一侧起刀，往尖角方向切2刀，2刀起点相同，一刀切到瓜皮内，一刀切到瓜皮外。

2. 如图将内部的小条瓜皮卷起，架在瓜肉上。

瓜角三

1. 将一个哈密瓜拦腰切断，再平分成 12 份。

2. 以直刀切去中间部分。

3. 斜切两个 V 形。

4. 将瓜皮与肉切分至 3/4 处。

5. 用小刀在瓜皮背面刻出尖 V 形。

6. 顶出 V 形瓜皮并架在瓜肉上即可。

瓜角四

1. 切取 1/24 个瓜，去籽，再将瓜皮与肉切分至 3/4 处。

2. 在瓜皮上切出一层薄皮。

3. 在瓜皮背面刻出尖 V 形。

4. 将里层的薄皮向里卷折固定，再将外层的 V 形瓜皮架上。

· 应用实例 ·

丁形

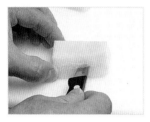

1. 切取长方体瓜肉，用刀在侧面中间插透后平切，但两端不切断。

2. 在瓜肉上面斜切一刀，深度正好抵达上一步平切的断面。

3. 翻面后同样斜切一刀。

4. 切完后从两端拉开即可。

条形和井形

1. 哈密瓜竖切成片。

2. 切成条形。

3. 再切成8厘米长的段，而后摆入盘中成井形。

瓜船

1. 在1/16或1/24个去籽的瓜上，在尖端起1/5处切一刀但不切断瓜皮。

2. 将其余4/5处的瓜肉与皮分离。

3. 将果肉切片。

4. 将切好的果肉交错打开。

· 应用实例 ·

菠萝

三角形

1. 将菠萝削去表皮，对于不容易去净的孔眼，用V口的刀在表面沿着斜线推过将其去净。

2. 修好整颗果，而后沿轴向切四等分。

3. 切片。

4. 摆盘。

花瓣形

1. 取一个小菠萝，切除两头，再立起去皮，同时修成椭圆形。

2. 将椭圆形果肉立起，用刀呈弧形连续转切成花瓣形即可。

·应用实例·

条形

1. 取新鲜菠萝，切头去尾。

2. 去皮。

3. 从中间一分为二。

4. 取一份再平分。

5. 继续取一份平分。

6. 切去中心部分即可。

·应用实例·

扇形

1. 取一个菠萝，切除两头，4 等分，再沿弧形切除皮。

2. 在心部切 1 厘米深的 V 形缺口。

3. 将菠萝肉切成 1 厘米厚的片。

蝴蝶形

1. 切取一块半圆柱形菠萝肉。

2. 在平面切出 3 个 V 形，形成蝴蝶的触须和翅膀上边缘。

3. 在圆柱面中央以弧形刀法切出 V 形的缺口，形成蝴蝶翅膀下边缘。

4. 再在左右两侧的中间各切出一条 V 形缺口。

5. 横切成 1 厘米厚的片。

丁形

1. 将半圆柱形菠萝切成约 3 厘米厚的块。

2. 取一块菠萝，用小刀在中间插入，水平横切，两头不切断。

3. 在两个扇形面上都斜切一刀，深至块中的断面。

4. 将切好的菠萝分成两瓣。

5. 将底部切平，直立摆盘。

15

菠萝船

1.取一个带叶的新鲜菠萝，平分成4等份。

2.取一份菠萝，用尖刀在中轴下方横切一刀，不要切断。

5.将切好的薄片放回原处，并间隔错开即可。

3.将果肉与果皮呈弧形分开。

4.取出果肉切成薄片。

橙子

橙角的样式

准备工作

1. 将一个橙子平分成 6 等份，再切除白色余边。

2. 将果皮与果肉分开至 2/3 处。

切法一

在分开的果皮右侧斜切一刀，再将果皮折起架在果肉上即可。

切法二

在分开的果皮中间切 V 形小口。将果皮外翻，让 V 形部分架在果肉上即可。

切法三

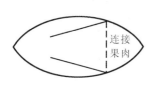

连接果肉

在分开的果皮两侧各斜切一刀，再将果皮向内侧翻折夹在果皮与果肉中间即可。

切法四

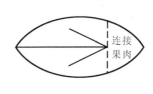

连接果肉

如左图切开果皮，然后向两侧掰开架好即可。

切法五

如左图切开果皮,然后将皮向两边翻开,卡在果肉上,即成郁金香形橙角。

切法六

在分开的果皮一侧连续斜切两刀,再将果皮向内侧翻折,夹在皮与肉中间即可。

切法七

取 1/6 个橙子,将果皮与果肉之间分开即可。

牡丹形

1. 取一个橙子,先将头部切除一小块,然后用连刀法(第一刀不切断,第二刀切断)切出两层相连、每层厚约 3 毫米的薄片。

2. 在余下的橙子上继续用同样的方法再切出两个橙片。取一粒红樱桃之类的小水果,用花签穿过,固定在最小的橙片中心。

3. 按从小到大的顺序,将橙片打开、串起,相邻两个橙片的切痕要相互垂直。

· 应用实例 ·

苹果

瓣形

1. 将苹果切至 1/4 大小，再切去中间带籽部分。

2. 再将此苹果切 3 等分，然后按顺序推开摆盘。

半圆形

1. 将苹果一分为二，再切去中间带籽部分。

2. 在果皮上用小刀刻出小槽，再切成薄片。

蝴蝶形

1. 取半个苹果，切去中间带籽部分，形成大 V 形。

2. 在大 V 形两边各切出两个小 V 形，形成蝴蝶的触须。

3. 翻转后在背部和两侧各切出一个 V 形，分出蝴蝶的 4 片翅膀。

4. 切成薄片即可。

苹果圈

1. 取一个苹果，用小刀在表面刻出小槽。

2. 切头去尾，用小刀将中间带籽部分挖出。

3. 将苹果切成 0.5～0.8 厘米厚的片。

苹果桶

1. 将一个苹果切去两头。

2. 用小刀沿着果皮内侧切一圈分离果肉，形成完整的桶壁。

3. 将苹果肉切成长条形。然后将切下的苹果顶端放入苹果筒内垫底，再将果肉插放在筒内即可。

·应用实例·

苹果皮雕花

1. 取 1/8 颗苹果，切去果核部分，然后用雕花刀在果皮上雕刻花纹。

2. 分离果皮与果肉，保留底部约 1/3 不切断。

3. 将多余的果皮去除。

各种雕花图案

苹果蝴蝶

取一个红苹果，切取约 1/16 个大小的一瓣，然后，从果心向果皮平刀横切，将其分成两层，但不切断果皮的中间部分。

在果肉上雕刻出半只蝴蝶造型，如图中左侧，将此造型中包含的两层展开，就成了一只苹果蝴蝶，如图中右侧。可以将其用花签串好后插在其他水果上做装饰。

苹果塔和苹果花

1. 取 1/2 个苹果。

2. 切出厚薄一致的 V 形薄片。切好后用淡盐水浸一下，防止氧化变黑。

3. 按从大到小的顺序，堆出塔形或者花形。

雪梨

瓣形

1. 将梨子切至 1/8 个大小。

2. 切去梨心。

3. 削皮即可。

· 应用实例 ·

芒果

立方形颗粒

1.将一片芒果肉连同果皮一起切下,刀不经过果核。

2.将果肉切成小方格状,同时不可将皮切破。

3.将果肉外翻即可。

条形

1.切一片芒果肉,刀不经过果核。

2.在果肉上按条形(或者叶脉纹路)切割。

3.去除果皮,取果肉摆盘。

· 应用实例 ·

橘子

橘块

1.将一个橘子切去尾部。

2.再切去头部。

3.从中间对切,平分成2份。

4.叠在一起后再对切,平分成4份。

莲花造型

1. 将一个橘子的表皮切分成8份，不要切到果肉。

2. 将果皮撕开但不撕断，形成莲花瓣。

·应用实例·

桃子

半圆片

1. 取一个桃子，沿中线滚切至核。

2. 左右手各握一半，反方向旋转，使两半分开。

3. 将去核的果肉平放在案板上，切成厚约3毫米的片。

带角瓣形

1. 取半个桃子，去核，再分成四等份。

2. 将心部切平。

3. 将果皮与肉分开至3/4处。

4. 从皮的一侧下刀，切至2/3处，而后将尖角架起即可。

·应用实例·

23

青瓜

菱形

1. 将一条小青瓜切除两头，再从中间对半切开。

2. 再次对半切开，并去掉瓜瓤。

3. 斜切成菱形即可。

V形

将一条小青瓜切除两头，再对半切开，而后如图所示将青瓜切成V形薄片即可。

· 应用实例 ·

杨桃

五角星形

1. 将杨桃各个角的边缘修除少许。

2. 横切成1厘米厚的薄片。

V形

1.将杨桃立起，将5个角中的一角切除，再将其余部分如图平分，此后切除果籽部分。

2.斜切成V形薄片。

白玉香瓜

1.将白玉香瓜对半切开。

2.再4等分。

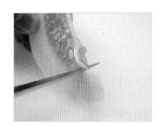

3.去掉中间的芯。

4.用刀沿着瓜皮切开，留1/4不切断。

5.将瓜皮从中间向斜下方切开。

6.将切开的瓜皮向上折架住瓜肉。

狝猴桃

1.将狝猴桃切去两头。

2.用滚刀法将狝猴桃果皮去除。

3.切片。

莲雾

1. 将莲雾从中间切开。

2. 在表面划出线条。

3. 切片。

4. 将果片交错推开即可。

西红柿

1. 先将西红柿底部切平，而后在顶部切出 V 形。

2. 依次切 5-6 层，而后将所有的层取出。

3. 将取出的果肉拦腰切断。

4. 将切好的层再装回去，并分别向两边依序推出。

5. 做好的造型中间留空，可放其他食品。

水果丁和水果沙拉

西瓜丁的切法

1. 切取 1/4 个西瓜，如图切去右边，留左侧约 8 厘米宽。

2. 再向右翻转放平，切去右边多余部分，中间再留 8 厘米宽。

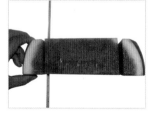

3. 切头去尾。

4. 将中间长方体西瓜切成厚约 1 厘米的长方块。

5. 再将切好的长方块叠在一起，切成1厘米宽的长条。

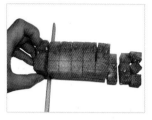

6. 最后切成1厘米见方的西瓜丁。

火龙果丁的切法

1. 取一鲜美火龙果，切头去尾。

2. 切去火龙果四周表皮，使之成一个立方体。

3. 撕去火龙果表皮。

4. 最后切成1厘米见方的火龙果丁。

哈密瓜丁的切法

1. 取1/4个哈密瓜，去籽后切去头尾，留中段。

2. 竖立，将带瓤部分切平整。

3. 平放，将两边多余部分切除，使之成长方形。

4. 侧立，直刀切去皮，留下一层果肉。

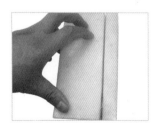

5. 切成哈密瓜丁。

27

水果沙拉的做法

1. 用汤匙挖两大匙沙拉酱（卡夫奇妙酱）。

2. 加入50毫升鲜奶。

3. 加入适量的鲜奶油（或喷射奶油）。

4. 加入5～10克砂糖。

5. 加入10滴鲜柠檬汁。

6. 用打蛋器打匀。

7. 搅好的沙拉酱。

8. 将切好的水果丁倒入碗中，搅拌均匀即可装盘。

在拌沙拉酱时可加入适量的炼奶，口味更佳，此时要减少糖的分量，可边做边尝，直至达到最佳口味。

沙拉酱、鲜奶油、喷射奶油（也叫忌廉）、炼奶的常见包装如下图所示。

沙拉酱　　　　　鲜奶油　　喷射奶油　　　　炼奶

第三章

西瓜皮草花和拼盘

　　"草花"指的是利用瓜果的表皮，经过简单的切割、卷曲后形成的开放状造型，一般采用西瓜皮来制作。

西瓜皮的预加工

　　制作任何一款草花，一般都需要对西瓜皮进行如下的预加工。

1. 切取 1/8 个西瓜。

2. 在 1/5 处切去尾部。

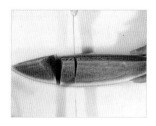

3. 第二刀切至白色处，留厚 1～1.5 厘米的底座。

4. 切去瓜瓤。

5. 将白瓜皮与青瓜皮分开。

6. 切除白瓜皮。

草花切法举例

造型一

1. 在预加工好的瓜皮两侧各切3~4刀，再在中间切出3条枝。

2. 将切好的瓜皮向内翻折，再用花签固定即可。

造型二

1. 瓜皮预加工好后，先将瓜两侧连同瓜肉各直切一刀至顶端2/3处，再切中间部分。

2. 先将瓜皮向内侧翻折，用花签插好固定，再将中间部分向后折压即可。

造型三

1. 取 1/8 个西瓜，再对半切开，去除瓜肉，将瓜皮切好如图所示。

2. 将两侧瓜皮抬起，架在中间瓜皮的尖端背面。再将两块瓜皮背对背合在一起用花签固定即可。

造型四

1. 瓜皮预加工好后，先将瓜皮分成两层，再从底部瓜肉中间直切开至 3/4 处，然后再切两侧。

2. 将切好的瓜皮对折后用花签插好固定即可。

详解实例

春回大地

原料：西瓜 1/8 个，哈密瓜 1 块，菠萝 1/4 个，杨桃 1 个，芒果 1/2 个，火龙果 1/2 个，提子适量，芫荽少许。

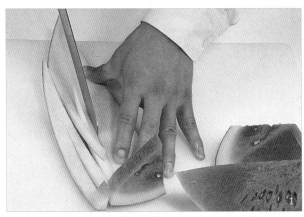

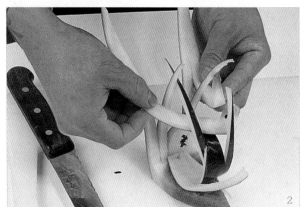

1. 将瓜皮预加工好后如图切割，切法特点是两边各有一刀从瓜瓤起切，内部犬牙交错切，但中间部分不切。
2. 切好后，将瓜皮中间的尖端切平，将中间瓜皮向内卷并以花签与瓜肉固定，再将两边带有瓜瓤的瓜皮抬起架在中间瓜皮的背面，相互交叉以固定。
3. 将芒果去皮后如图切开成树叶形状。
4. 哈密瓜去皮后在背面切 3 条 V 形缺口。
5. 将草花在果盘中间摆放平稳，周围摆放其他切好的水果，最后用提子和芫荽点缀即可。

遥遥相对

原料：西瓜 2/8 个，橙 2/3 个，苹果 1/4 个，哈密瓜 1/4 个，杨桃 2 块。

1.将瓜皮预加工好后，带瓤切至瓜皮2/3处。

2.第二刀从靠近瓜瓤处下刀切至与第一刀相交。

3.第三刀从图中上侧靠近瓜瓤处下刀，将瓜皮切断。

4.第四刀下刀点同前一刀，停刀处如图。

5.卷起瓜皮并用签固定好。

6.将两个相同的草花并在一起，用签固定。

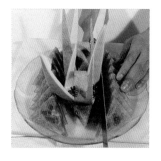

7.将固定好的草花摆放在果盘中间，再将切好的西瓜片摆放在草花两边。

8.依次将切好的橙、菠萝、苹果和杨桃摆放在果盘空隙处即可。

卿卿我我

原料：西瓜 2/8 个，杨桃 1 个，苹果 1 个，橙半个，樱桃 2 颗。

扫描二维码观看
本例基本制作过程

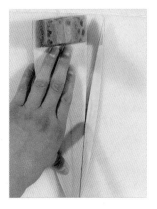

1. 将瓜皮预加工好后，带瓤切至瓜皮长度 2/3 处。

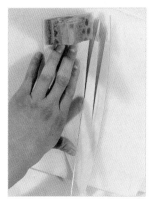

2. 第二刀下刀点同第一刀，停刀处如图。

3. 第三刀从靠近瓜瓤处切至第二刀末端。

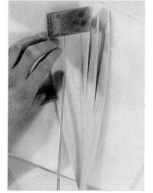

4. 第四刀从上侧靠近瓜瓤处下刀切断。

5. 第五刀下刀点同前一刀，停刀处如图。

6. 将瓜皮卷起后用签固定。

7. 将两个相同的草花固定在一起。

8. 将草花造型摆好并继续完成果盘。

成双成对

原料：西瓜 2/8 个，青苹果 1 个，橙 1 个，杨桃半个。

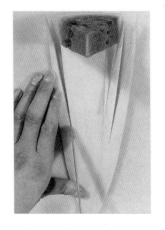  

1. 将瓜皮预加工好后，在两侧切出对称的刀痕（每侧的切法同上一例的步骤 1～3）。

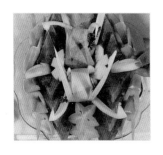

2. 同法切两个草花，分别卷起瓜皮，用签固定好，再将两个草花背靠背固定在一起。

扫描二维码观看
本例基本制作过程

金玉良缘

原料：西瓜 1/4 个，苹果半个，青苹果 1/4 个，橙 1 个，杨桃半个，菠萝 1/4 个，红提和青提各一串。

1. 将瓜皮预加工好后，在瓜皮两边各切出 3 条带小三角形瓜瓣的尖条。

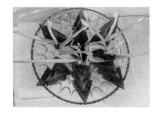

2. 同法切两个草花，分别卷起瓜皮，用签固定好，再将两个草花背靠背固定在一起。再把切好的瓜肉呈放射状摆放。

3. 摆上其他水果。

礼花绽放

原料：西瓜 2/8 个，菠萝 1/4 个，橙半个，苹果 1/4 个。

按上一个拼盘的切法切好两个相同的草花，但按相反的方向将两个草花固定在一起。

翘首以盼　原料：西瓜 1/8 个，红苹果半个，橙半个，青苹果 1/4 个，芫荽少许。

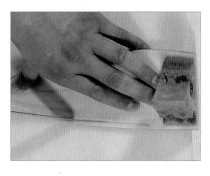

1. 将瓜皮预加工好后，在边缘切一细条。

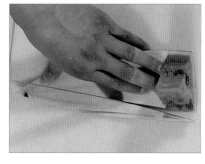

2. 第二刀带瓤切至瓜皮 2/5 处。

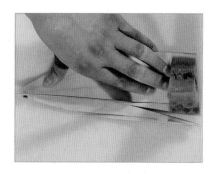

3. 第三刀从靠近瓜瓤处开始切至第二刀根部。

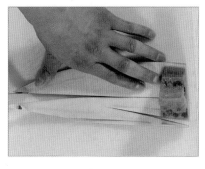

4. 第四刀从靠近瓜瓤处开始切至瓜皮顶部。

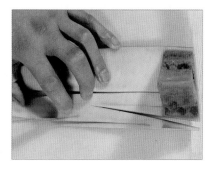

5. 将下侧瓜皮切成锯齿状。

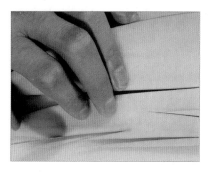

6. 切出锯齿。

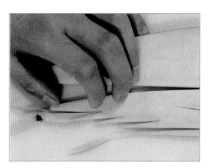

7. 继续切出锯齿。

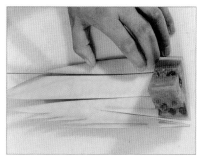

8. 在上侧靠近瓜瓤处下刀切断，中间留 1.5 ～ 2 厘米宽的瓜皮。

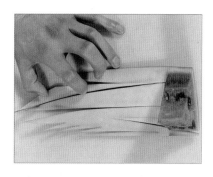

9. 如图下刀切断，去除部分瓜皮。

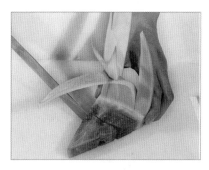

10. 将前图下侧带瓤的瓜皮抬起，架在中间的瓜皮上，再切去底座的部分瓜瓤。

11. 将切好的西瓜肉和苹果片如图摆放，中间再摆上草花等。

缠缠绵绵　原料：西瓜 2/8 个，橙 2/3 个，苹果半个，菠萝半个。

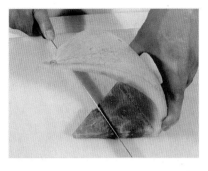

1. 将 1/8 个西瓜预加工好后，如图切去底座的尖端。

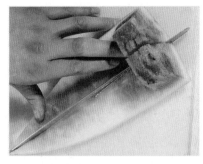

2. 从中间一分为二。

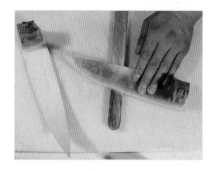

3. 将瓜皮切薄。

4. 切制两个相同的草花。

5. 第二刀切至总长度一半。

6. 切出一个尖齿。

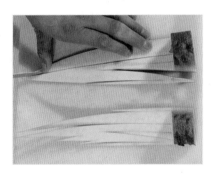

7. 切断。

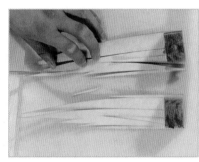

8. 切出两个锯齿。

9. 切断。

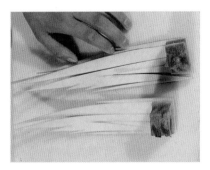

10. 紧邻前一刀再切断。

11. 将带瓤的瓜皮抬起架在另一侧切出的缝隙里。

12. 用花签将两个草花串在一起后摆在果盘的一头。

开枝散叶

原料：西瓜 1/4 个，橙 1 个，青苹果 1 个，火龙果半个，菠萝半个，圣女果 8 颗，兰花 1 朵。

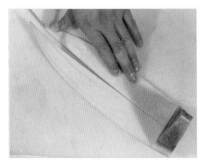

1. 在预加工好的瓜皮中间下刀切断。

2. 再下一刀切断，在瓜皮中间形成一条宽约 1 厘米的长条。

3. 再次将瓜皮削薄。

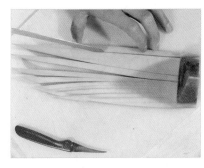
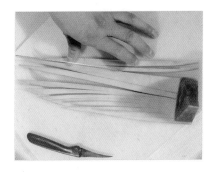

4. 用小刀将一侧的瓜皮切成多条宽约 0.5 厘米的小条。

5. 在另一侧的瓜瓤底部下刀，停刀处如图，形成带瓤的长条。

6. 相似地再切一刀，停刀处如图。

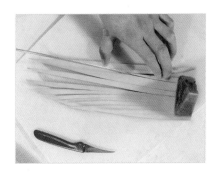
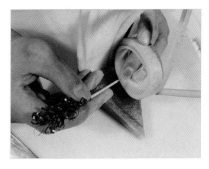

7. 从靠近瓜瓤处下刀切至前一刀末端。

8. 将刚切的这一侧瓜皮向内卷起，用签固定。

9. 将两个相同的草花用签串在一起。

春光明媚　原料：西瓜 2/8 个，青瓜 1 根，菠萝半个，苹果半个，兰花 4 朵。

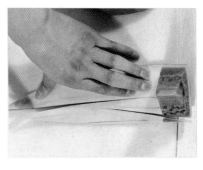

1. 将瓜皮预加工好后，如图切 4 刀（切法同第 39 页步骤 1~4）。

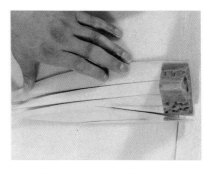

2. 在靠近瓜瓤处与前一刀相距 1.5 ~ 2 厘米下刀，切至与前一刀相交，图中上方瓜皮留约 2.5 厘米宽。

3. 如图将一侧瓜皮切成锯齿状。

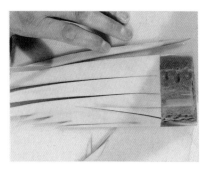

4. 如图将一侧瓜皮带瓤切出长条。

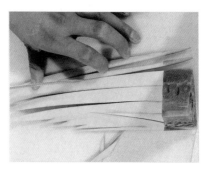

5. 继续再切一刀，长度比前一刀短约 1.5 厘米。

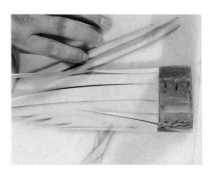

6. 从靠近瓜瓤处下刀切至前一刀的末端。

7. 如图将一侧的瓜皮向内折起。

8. 用签固定。

9. 将另一侧瓜皮带瓤的一端抬起后架在中间瓜皮上。同样制作 2 个草花。

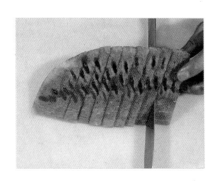

10. 将瓜瓤斜切，在果盘外围围成圆圈。

11. 将做好的 2 个草花背靠背摆在果盘正中间。

扫描二维码观看
本例基本制作过程

44

相知相交

原料：西瓜 1/8 个，橙半个，菠萝 1/4 个，苹果半个，杨桃半个，红提 8 颗。

1. 将瓜皮预加工好后，均匀切开 5 刀，形成 6 条宽约 0.5 厘米的长条。

2. 将两个切好的草花背对背交叉在一起。

3. 用签固定。

4. 切去瓜瓤边角。

5. 将西瓜切成扇形。

6. 将切好的草花摆放在果盘中间，西瓜呈扇形摆放在草花两边。

7. 依次摆上切好的橙角和蝴蝶形菠萝片。

8. 放上洗干净的红提，摆上切好的苹果和杨桃即可。

大堆头　原料：西瓜 1/2 个，翠玉瓜 1/4 个，芒果 1 个，哈密瓜 1/4 个，油桃 1 个，香梨 1 个，青提 1 串，红提 1 串。

"大堆头" 主体造型的做法

1-1. 取 1/8 个西瓜，去瓤后将瓜皮切成两层。

1-2. 从底座下刀，切至瓜皮中部。

1-3. 用雕花刀将瓜皮两边雕出对称的锯齿状。

1-4. 将上层瓜皮两边雕成锯齿状，顶部雕成桃叶形，剔除多余瓜皮。

1-5. 将桃叶形内的瓜皮镂空出一个V形。

1-6. 翻起上层瓜皮，将下层瓜皮的中间切开，两边切成锯齿状。

1-7. 将雕好的瓜皮竖起，将两边背对背靠拢。

1-8. 用签固定。

各种西瓜块的切法

拼盘整体制作顺序：

（1）将主体造型做好，摆在果盘中间，下面用两块厚西瓜垫底托起。

（2）取1/16块西瓜，切去尾部（见图2-1），再切出厚约1.5厘米的块但不切断（见图2-2）。切好这样的西瓜4块，摆在主体造型四周。

（3）取1/16块西瓜，从中间一分为二，再切出牙状（见图2-3～2-6），切好这样的西瓜4块，摆在步骤2完成后的中间空隙处。

（4）切好连皮西瓜片（见图2-7）8片，填在步骤（3）完成后底部周围的空隙处，

（5）依次摆上切好的8片哈密瓜角，再将翠玉瓜、芒果、油桃、香梨和青提、红提等随意堆放。

提示："大堆头"拼盘的摆放要讲究颜色的搭配，做出豪华的观感。

双花头　原料：西瓜 1/8 个，翠玉瓜 1/4 个，火龙果半个，绿樱桃 4 颗。

1. 取 1/8 块西瓜，去瓤后用雕花刀从底部开始切一刀。

2. 再切一刀后剔除多余部分。

3. 用同样的方法将两边雕成锯齿状，将上部雕成大桃叶状。

4. 在大桃叶内雕出小桃叶。

5. 将大、小桃叶的外缘都雕出锯齿。

6. 在瓜皮中心区镂空。

7. 将雕好的瓜皮切成两层即成。

48

草木苍翠

原料：西瓜 1/8 个，脐橙 1 颗，青枣若干，龙眼若干。

扫描二维码观看制作过程。

1. 制作草花。

2. 制作心形西瓜果肉。

3. 制作脐橙造型。

4. 摆盘。

花枝招展　　原料：西瓜 1/8 个，火龙果 1 颗。

扫描二维码观看制作过程。

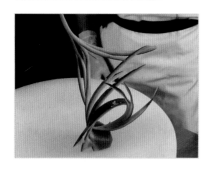

 1. 制作草花。

 2.制作火龙果造型。

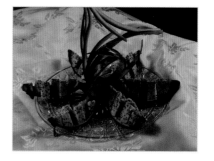

3. 摆盘。

高瞻远瞩　　原料：西瓜 1/4 个，火龙果 1 颗，圣女果若干，青枣若干，龙眼若干。

扫描二维码观看制作过程。

 1. 制作草花。

 2. 摆盘。

参考实例

追云逐月

原料: 无籽西瓜, 芒果,
提子, 草莓, 法香。

灿烂辉煌

原料：无籽西瓜，樱桃，提子，青苹果，火龙果，龙眼。

姹紫嫣红

原料：火龙果，无籽西瓜，香蕉，樱桃。

乘风破浪

原料：无籽西瓜，红毛丹，猕猴桃，蓝莓。

一帆风顺

原料：无籽西瓜，芒果，
火龙果，哈密瓜，龙眼，
樱桃，荔枝。

瓜果飘香

原料：无籽西瓜，火龙
果，樱桃，龙眼，山竹。

激流勇进

原料：哈密瓜，苹果，
芒果，提子，李子，西
瓜，黄姑娘果，石榴籽，
山竹壳。

果塔迎宾

原料：哈密瓜，无籽西瓜，芒果，青提，紫提，黄姑娘果。

合家欢乐

原料：无籽西瓜，荔枝，火龙果，金橘，青瓜。

红粉佳人

原料：无籽西瓜，青瓜，芒果，圣女果，火龙果。

54

流光溢彩

原料：无籽西瓜，青提，
火龙果，李子。

翩翩起舞

原料：无籽西瓜，苹果，
红毛丹，牛奶草莓，提
子。

情缘未了

原料：无籽西瓜，冰糖
橙，龙眼，荔枝。

浪漫风情

原料：无籽西瓜，火龙果，青瓜，黄圣女果，樱桃，桃子。

随遇而安

原料：无籽西瓜，芒果，红毛丹，皇帝蕉。

天香灵秀

原料：菠萝，无籽西瓜，哈密瓜，红毛丹，草莓，木瓜，蓝莓。

山巅红日

原料：火龙果，圣女果，
西瓜。

心心相印

原料：哈密瓜，提子，
白玉香瓜，荔枝，圣女
果。

星光闪闪

原料：无籽西瓜，香蕉，
杨桃，火龙果，冰糖橙，
圣女果（裹糖拉丝），
草莓叶。

相亲相爱

原料: 白玉香瓜, 提子, 西瓜。

相映成趣

原料: 无籽西瓜, 芒果, 火龙果。

振翅高飞

原料: 哈密瓜, 西瓜, 芒果, 苹果, 提子, 皇帝蕉, 草莓, 法香。

为君

原料：无籽西瓜，皇帝蕉，冰糖橙，草莓。

旋律

原料：无籽西瓜，火龙果，龙眼，法香。

祈愿

原料：芒果，西瓜，青苹果，枇杷，法香。

第四章

即位拼盘

更上层楼

原料：西瓜，橙子，红苹果，青苹果，猕猴桃，红樱桃，芫荽。

金碧辉煌

原料：西瓜，菠萝，青苹果，芒果，猕猴桃，提子，芫荽。

61

皆大欢喜

原料: 西瓜, 菠萝, 苹果,
橙子, 青提, 红提, 芫荽。

童话世界

原料: 西瓜, 哈密瓜,
苹果, 橙子, 提子, 圣
女果, 芫荽, 兰花。

春草

原料: 无籽西瓜, 金橘,
樱桃, 牛奶草莓, 皇帝
蕉。

白露

原料：无籽西瓜，猕猴桃，红毛丹。

藏娇

原料：哈密瓜，火龙果，牛奶草莓，石榴仔，樱桃，砂糖橘。

初升

原料：无籽西瓜，芒果，牛奶草莓，香梨，樱桃，蒜薹，小菊，草莓叶。

穿越

原料：无籽西瓜，火龙果，黑布林，樱桃，无籽葡萄，橙子。

独秀

原料：黑布林，莲雾，牛奶草莓，火龙果，哈密瓜，小青瓜，小青柠。

繁华

原料：哈密瓜，无籽西瓜，山竹，青提，紫提，黄姑娘果。

春晖

原料：哈密瓜，柚子肉，芭乐，白玉香瓜，砂糖橘，圣女果。

春晓

原料：芒果，冰糖橙，火龙果，牛奶草莓，无籽西瓜，小菊。

璀璨

原料：火龙果，哈密瓜，香蕉，圣女果，草莓叶，苹果，金橘。

芳华

原料：无籽西瓜，红毛丹，金橘，冰糖橙。

丰收

原料：木瓜，火龙果，皇帝蕉，蓝莓，桑葚，冰糖橙，甜橘，蒜薹，草莓叶。

奉献

原料：火龙果，哈密瓜，香蕉，柚子肉，山楂，猕猴桃。

鼎力

原料：提子，牛油果，牛奶草莓，猕猴桃，火龙果，哈密瓜，三色堇，薄荷叶。

佛心

原料：无籽西瓜，青苹果，红毛丹，牛奶草莓，冰糖橙。

扶摇

原料：牛奶草莓，冰糖橙，哈密瓜，蓝莓，金橘。

67

含羞

原料：红毛丹，无籽西瓜，火龙果，冰糖橙，小菊，草莓叶。

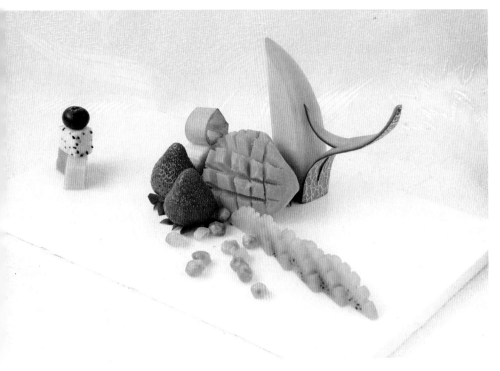

和谐

原料：哈密瓜，牛奶草莓，猕猴桃，芒果，石榴籽，香蕉，火龙果，蓝莓。

幻化

原料：哈密瓜，芒果，芭乐，砂糖橘，圣女果，草莓叶。

给予

原料：无籽西瓜，金橘，
火龙果，蓝莓，哈密瓜。

拱月

原料：哈密瓜，苹果，
山楂，石榴籽，蓝莓，
牛奶草莓。

瑰宝

原料：无籽西瓜，紫提，
青提，蓝莓，石榴籽，
黄姑娘果，山竹。

吉祥

原料：苹果，甜橘，蓝莓，石榴籽，牛奶草莓，樱桃。

阶梯

原料：火龙果，柚子肉，哈密瓜，樱桃，牛奶草莓，石榴籽。

锦绣

原料：冰糖橙，荔枝，樱桃，芒果，苹果，人参果，蓝莓，提子。

含蓄

原料：火龙果，莲雾，
芒果，沙拉酱，三色堇，
日本大叶，旱金莲。

花彩

原料：柚子肉，牛奶草
莓，冰糖橙，圣女果，
蓝莓，蒜薹。

回转

原料：火龙果，哈密瓜，
牛奶草莓，香蕉，蓝莓。

阔景

原料：苹果，无籽西瓜，芭乐，甜橘，牛奶草莓，铜钱草。

轮回

原料：哈密瓜，红毛丹，牛奶草莓，圣女果，蓝莓，猕猴桃。

密藏

原料：火龙果，冰糖橙，猕猴桃，樱桃。

江南

原料：冰糖橙，猕猴桃，火龙果，牛奶草莓，菠萝蜜，哈密瓜皮。

金边

原料：杨桃，黑布林，樱桃，牛奶草莓，蓝莓，苹果，薄荷叶。

君悦

原料：牛奶草莓，青苹果，无籽西瓜，香蕉，火龙果，小菊，草莓叶。

霓虹

原料：哈密瓜，甜橘，芒果，牛奶草莓，芭乐，蓝莓。

璞玉

原料：山竹，芒果，草莓，冰糖橙，圣女果，散尾葵叶。

叠玉

原料：猕猴桃，火龙果，金橘，樱桃，冰糖橙，圣女果，山楂，砂糖橘。

流年

原料：蓝莓，牛奶草莓，
樱桃，金橘，菠萝蜜，
木瓜，草莓叶。

迷离

原料：西瓜，青苹果，
红毛丹，牛奶草莓，蓝
莓，杨桃。

墨绿

原料：蓝莓，樱桃，猕
猴桃，苹果，牛奶草莓，
哈密瓜。

青春

原料：哈密瓜，百香果，火龙果，青柠，樱桃，蓝莓，草莓。

心心相印

原料：无籽西瓜，红蛇果，牛奶草莓，芒果，蓝莓。

秋意

原料：沙糖橘，甜橘，牛奶草莓，哈密瓜，苹果，蒜薹。

怒放

原料：无籽西瓜，火龙果，猕猴桃，牛奶草莓，小菊，草莓叶。

期盼

原料：金橘，脐橙，哈密瓜，蓝莓，牛奶草莓，桑葚，果酱，蓬莱松。

嵌入

原料：菠萝，牛奶草莓，猕猴桃，芒果，散尾葵叶。

热情

原料：莲雾，哈密瓜，提子，杨桃，樱桃，黄金猕猴桃，牛奶草莓，旱金莲。

探味

原料：哈密瓜，牛奶草莓，石榴籽，香蕉，红毛丹，蓝莓，柚子。

无憾

原料：苹果，芒果，猕猴桃，山楂，火龙果，牛奶草莓，木瓜，哈密瓜。

清廉

原料：哈密瓜，桑葚，蓝莓，苹果，草莓叶。

秋分

原料：火龙果，牛奶草莓，猕猴桃，冰糖橙，菠萝蜜，石榴籽，圣女果，砂糖橘。

热浪

原料：无籽西瓜，金橘，冰糖橙，猕猴桃，红毛丹。

小筑

原料：苹果，蓝莓，猕猴桃，红毛丹，红蛇果，冰糖橙，小菊，草莓叶。

旋转

原料：芒果，草莓，火龙果，莲雾，猕猴桃，苹果，苦菊，青柠檬。

艳丽

原料：无籽西瓜，牛奶草莓，芒果，樱桃，蓝莓，小菊，果酱，蓬莱松。

如钩

原料：无籽西瓜，火龙果，牛奶草莓，冰糖橙，香蕉。

童真

原料：哈密瓜，火龙果，无籽西瓜，草莓，芒果，杨梅，蓝莓，青瓜皮。

舞动

原料：哈密瓜，牛奶草莓，樱桃，猕猴桃。

依靠

原料：哈密瓜，草莓，柚子肉，圣女果，猕猴桃。

于归

原料：无籽西瓜，菠萝，红毛丹，杨桃。

圆满

原料：牛油果，黑布林，火龙果，苹果，哈密瓜球，西瓜球，青瓜球，紫苏苗，可可饼干碎。

信任

原料：哈密瓜，香蕉，牛奶草莓，圣女果。

雅秀

原料：无籽西瓜，牛奶草莓，红毛丹，杨桃，冰糖橙，皇帝蕉。

雁回

原料：火龙果，哈密瓜，牛奶草莓，小青柠，提子，蓝莓，莲雾，旱金莲，康乃馨花瓣。

中庸

原料：无籽西瓜，火龙果，杨桃，草莓，樱桃，冰糖橙，红蛇果。

珠环

原料：苹果，哈密瓜，蓝莓，杨梅，西瓜，青瓜，青提，紫提（去皮）。

双眸

原料：无籽西瓜，红毛丹，菠萝，杨桃，牛奶草莓，散尾葵叶。

怡然

原料：冰糖橙，樱桃，红毛丹，无籽西瓜，牛奶草莓，拉丝圣女果（糖熬成液体，用竹签插着果实粘裹后拉出，待糖液冷却后拔除竹签）。

御膳

原料：黑布林，莲雾，火龙果，哈密瓜，蓝莓，青柠，草莓，薄荷叶。

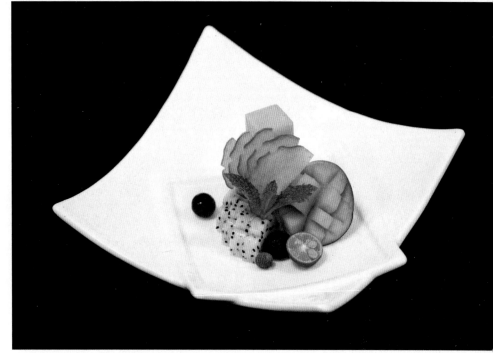

支点

原料：无籽西瓜，山竹，龙眼，牛奶草莓，冰糖橙。

重围

原料：莲雾，蓝莓，火龙果，猕猴桃，哈密瓜，提子，冰糖橙，青苹果，三色堇，青瓜皮（雕成叶）。

醉卧

原料：无籽西瓜，冰糖橙，火龙果，草莓叶。

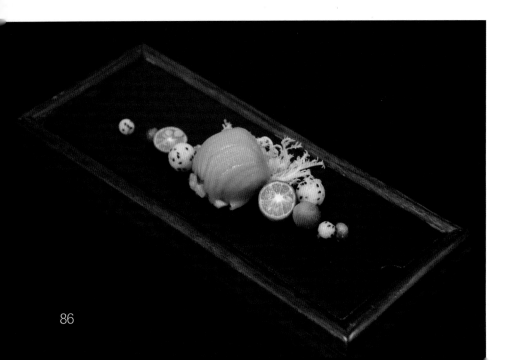

包容

原料：芒果，小青柠，火龙果，无籽西瓜，莲雾，黄心苦苣。

第五章

什锦拼盘

实例 39 款

欢聚一堂
原料：西瓜，黄密瓜，提子，小番茄，绿樱桃，芫荽。

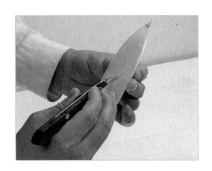

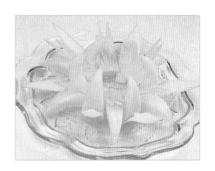

1.取黄密瓜1/2个，切成16等份，其中6份如图将瓜皮与瓜肉分开至2/3处，再在瓜皮上雕一个V形小口，而后将瓜皮向后翻折顶住。

2.另外6份在瓜皮上雕花。

3.将切雕完的黄密瓜间隔摆放在果盘中。而后再如图完成拼盘。

财源广聚

原料：网纹密瓜，西瓜，红苹果，青苹果，橙子，菠萝，猕猴桃，兰花，芫荽。

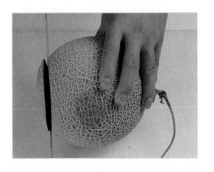

1. 先将网纹密瓜顶端切平。

2. 底部也同样切平。

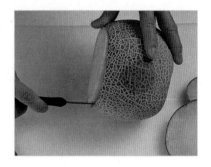

3. 用小刀在两头旋转切割，取出瓜肉。

4. 用刀在瓜盅一端边缘切出一圈斜齿形。

5. 将先前切下的瓜头放入瓜盅内做底。

6. 将取出的瓜肉切成长条，如图插放在瓜盅内，上面放适量的西瓜球。其余部分如图完成。

初升　　原料：西瓜，哈密瓜，橙子，青苹果，兰花。

心花怒放　　原料：西瓜，哈密瓜，橙子，雪梨，提子，圣女果，芫荽。

花开富贵

原料：西瓜，菠萝，杨桃，苹果。

1. 取两块 1/8 个大小的西瓜，去皮后修成心形，再沿弧形面下刀，切成 1 厘米厚的薄片。

2. 将西瓜片在盘中摆成圆形。

3. 将花瓣形菠萝片在西瓜内侧围成一圈；再围摆杨桃；将苹果切成如图的多个 V 形，然后由大至小在果盘中间摆成一朵花。

团聚

原料：西瓜，哈密瓜，
苹果，杨桃，提子，红
樱桃，芫荽。

1. 取 1/8 个西瓜，去皮
后切成三角形薄片，呈
圆形摆放于果盘中。

2. 将两块 1/8 大小的哈
密瓜去皮，切成薄片。

3. 将切好的哈密瓜片摆
放在西瓜上面。

4. 将切好的苹果围在果
盘中间的空隙处。

5. 将杨桃如图切花，摆放在苹果中间，上面放 1 粒红
樱桃；将剩余的杨桃切成长条，插放在各片苹果的间
隔处；用提子和芫荽点缀即可。

生生不息
原料：黑布林，橙子，香瓜，翠玉瓜，雪梨，青苹果，芫荽和兰花。

热力放送
原料：西瓜，橙子，青苹果，火龙果，兰花。

花团锦簇

原料：西瓜，菠萝，苹果，橙子，提子，红、绿樱桃，芫荽。

1. 将西瓜去皮，切成心形，在果盘中摆一圈；再取 1 个葡萄酒杯，杯内放少许薄荷水，将切好的 3 个橙角卡在杯边上，将由橙片串成的橙花放在杯口上。

2. 将 1 个橙子切成 6 等份，将皮与肉分开至 2/3 处，如图在橙皮中间刻一个 V 字形小口，将橙皮向后翻折架起。

3. 将菠萝切成蝴蝶形，摆放在西瓜上面。其他材料如图摆放。

姹紫嫣红　　原料：西瓜，哈密瓜，橙子，苹果，提子，芫荽。

1. 将1/4个西瓜切成4等份，再切成三角片并排摆放在果盘中；将哈密瓜去皮，切成V形片，摆放在西瓜上面。

2. 将橙子与苹果间隔摆放在果盘两侧，用提子和芫荽点缀。

蓬莱岛

原料：西瓜，红苹果，青苹果，橙，菠萝，哈密瓜，奇异果，雪梨，兰花，芫荽。

五角生辉

原料：西瓜，菠萝，橙子，雪梨，杨桃，红樱桃，提子，芫荽。

欢乐年华

原料：西瓜，菠萝，雪梨，橙子，杨桃，提子，芫荽，伞签。

六色拼盘

原料：西瓜，白兰瓜，菠萝，苹果，橙子，狝猴桃，提子，兰花，芫荽。

吉祥团圆

原料：雪梨，橙子，奇异果，兰花。

流金溢彩

原料：西瓜，苹果，橙子，青瓜，菠萝，提子，芫荽。

金玉满堂

原料：芒果，荔枝，提子，橙子，奇异果。

欣欣向荣

原料：带叶香水菠萝，黑美人西瓜，菠萝，哈密瓜，青苹果，橙子，荔枝，提子，圣女果。

提示：买回来的菠萝，如果叶片不新鲜，只要将切下来的菠萝叶放入清水中浸泡半小时以上，菠萝叶就会变得如同刚采摘下来的一样。浸泡2小时效果更好。

南海明珠

原料：西瓜，翠玉瓜，橙子，红苹果，青苹果，菠萝片，小香瓜，火龙果，哈密瓜，提子，红李，芫荽。

多彩纷呈

原料：西瓜，香水菠萝，哈密瓜，青苹果，橙子，芒果，油桃。

绿意盎然

原料：黑美人西瓜，芒果，橙子，青苹果，油桃，新鲜菠萝叶。

好运四方

原料：无籽西瓜，翠玉瓜，菠萝，橙子，青苹果角，芒果，火龙果，奇异果，杨桃，提子，哈密瓜。

胜利

原料：西瓜，菠萝，红苹果，青苹果，火龙果，芒果，哈密瓜，杨桃，红提，兰花，芫荽。

锦上添花

原料：菠萝，白兰瓜，黑美人西瓜，橘子，苹果，玫瑰，果叉。

百雀

原料：哈密瓜，提子，红毛丹，牛奶草莓，无籽西瓜，火龙果，杨桃，橙片，散尾葵叶，法香。

花落

原料：哈密瓜，牛奶草莓，冰糖橙，火龙果，圣女果，菠萝，西红柿，兰花，法香，散尾葵叶。

潋滟

原料：红毛丹，橙子，红蛇果，哈密瓜，杨桃，兰花，法香。

爱琴海

原料：无籽西瓜，火龙果，红毛丹，青苹果，杨桃，冰糖橙，草莓叶。

夜玄

原料：皇帝蕉，火龙果，牛奶草莓，红毛丹，青苹果，西红柿，兰花，法香，散尾葵叶。

高风亮节

原料：菠萝，杨桃，无籽西瓜，芭乐，金橘，火龙果，草莓叶。

浮华

原料：哈密瓜，提子，青苹果，红苹果，西红柿，法香，散尾葵叶，兰花。

竞渡

原料：红毛丹，哈密瓜，火龙果壳，散尾葵，兰花，法香。

墨香

原料：哈密瓜，芒果，火龙果，牛奶草莓，青苹果，无籽西瓜，法香，散尾葵叶。

103

节节高升

原料：无籽西瓜，哈密瓜，黄姑娘果，香蕉，紫提，青提。

欣欣向荣

原料：青苹果，龙眼，桃子，哈密瓜，提子。

腾飞向上

原料：无籽西瓜，哈密瓜，紫提，青提，香蕉。

朱砂

原料：皇帝蕉，牛奶草莓，冰糖橙，哈密瓜，火龙果壳，散尾葵叶，蛇皮果。

骄阳似火

原料：哈密瓜，火龙果，芒果，山竹，李子，香蕉，提子。

喜庆丰收

原料：菠萝，红毛丹，无籽西瓜，芒果，樱桃，青苹果，山楂。

第六章
雕花造型拼盘

　　本章收录的拼盘都以具有某种形象的造型为主体。主要用西瓜皮雕花来制作主体造型。

　　西瓜皮雕花最好选用个大、皮光滑、无斑点的黑皮西瓜为原料，因为黑色瓜皮雕出的作品层次感较强。在雕制时将挨近底座部分的瓜皮留得稍厚些，利于作品的支撑竖立。将瓜皮上半部尽量削薄，这样在雕制精细部分时下刀比较轻松。最后要将雕好的作品放入冰水盆中，用重物压住浸泡半小时，使之更加平整。

造型 30 款

孔雀开屏

原料：西瓜，哈密瓜，杨桃，橙子，提子，绿樱桃。

1. 取 1/8 个西瓜的皮，削薄，刻划出多个 V 形。

2. 用西瓜肉雕出孔雀头，再将刻好的瓜皮用签串在后面，并分散展开。

3. 将西瓜肉切成 1 厘米厚的心形薄片，摆放在果盘周围形成扇形。

4. 继续用其他材料完成拼盘。

吉祥鸟

原料：菠萝，无籽西瓜，
翠玉瓜，青苹果，橙子，
兰花，芫荽。

1.取一个新鲜菠萝，切
去底部，再如图切去两
边，中间留宽5～6厘米。

2.在离案板3厘米高度
平切约2厘米，再如图
从顶部下刀切至第一刀
末端。

3.切去最后剩下的一侧
的皮，形成小鸟的底部
轮廓。

4.切出头前侧和喙上侧。

5.切出喙下侧和胸上侧。

6.以弧形刀法切出腹部。

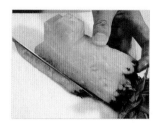

7.切去两边的边角。

8.用雕花刀进行修整。

9. 将红色果叉的后部折断做鸟的眼睛。用雕花刀在身体两侧斜挖出小槽。

10. 将新鲜的菠萝叶按外长里短的顺序摆好，用雕花刀将下部削尖后插入小槽中。

11. 用2/3个苹果做成底座，用花签将菠萝鸟固定在苹果底座上。

扫描二维码观看本例基本制作过程

天鹅湖畔　　原料：黑美人西瓜，雪梨，芫荽。

1. 将1/2个西瓜分成8等份，再将每一份的瓜皮与瓜肉分开至2/3处，并将瓜皮削薄。

2. 先从天鹅的头部开始雕刻。

3. 雕好的天鹅造型。将8块西瓜都雕好后，在果盘中拼在一起。

皇冠

原料：西瓜，红樱桃，哈密瓜，苹果，猕猴桃，提子，芫荽。

1. 将西瓜去皮，再切成三角形薄片。

2. 将瓜肉呈圆形摆放在果盘中。

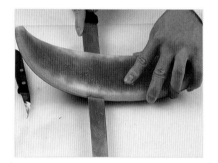

3. 将切下来的瓜皮削薄。

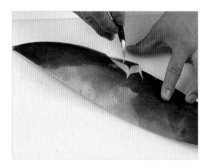

4. 从中间开始雕出花瓣。

5. 镂空花瓣。

6. 在瓜皮中央挖一个孔，嵌入红樱桃。再将其他材料如图切拼。

椰岛风情

原料：西瓜，橙子，苹果，红提，圣女果，绿樱桃，白兰瓜，杨桃，果冻。

提示：椰子树雕好后放入冰水中浸泡半小时，可使其平整挺直。

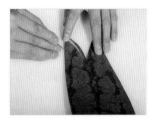

1. 取 1/8 个西瓜皮，去瓤后将皮削薄。

2. 用小刀在瓜皮顶部下刀，雕一个大 V 形。

3. 以弧形刀法雕出椰树叶的大体轮廓，然后将多余的瓜皮剔除。

4. 继续雕刻。

5. 在一边雕出两片后，换到另一边雕刻。

6. 定好中心点，使各片树叶围绕中心点呈放射状排列。

7. 继续雕刻。

8. 两边同步进行。

9. 每雕一步都要预留好下一步的雕刻位置。

10. 左右对应。

11. 将叶片轮廓分好后，雕出树干部分。

12. 雕出树叶边缘的锯齿状，根据树叶的大小，锯齿的大小也有很大的不同。适当修饰叶背的轮廓。

13. 继续雕刻。

14. 将旁边再按同样的雕法雕出另一棵小椰树。

15. 分出小椰树的叶片。

16. 雕出树干部分，剔除多余的瓜皮。

17. 继续雕刻。

18. 在下方雕出草叶。

南国风情

原料：西瓜，菠萝，哈密瓜，橙子，苹果，提子，圣女果，芫荽，兰花。

海洋深处

原料：黄密瓜，橙子，西瓜，提子，红樱桃，芫荽。

富贵鸟

原料：西瓜，橙子，火龙果，奇异果，圣女果。

1. 取 1/8 块西瓜，去瓤后将皮切薄。

2. 从 1/3 处下刀，雕出鸟的嘴部，并雕出背部轮廓。

3. 雕出鸟的腹部。

4. 雕出鸟的腿部和尾部，剔除多余瓜皮。

5. 雕出尾部后，将腹部镂空，最后镂出眼睛即成。

扫描二维码观看
本例基本制作过程

114

太阳鸟

原料：西瓜，白
兰瓜，苹果，橙子，
红毛丹，兰花，
芫荽，提子。

喜报吉祥

原料：翠玉瓜，
哈密瓜，青苹果，
火龙果，红樱桃，
荔枝。

海阔天空

原料：橙子，青苹果，菠萝，雪梨，红樱桃，芫荽。

飞黄
（蝗）
腾达

原料：西瓜，
翠玉瓜，青瓜，
兰花，芫荽。

鹏程万里

原料：西瓜，橙子，哈密瓜，杨桃，奇异果，圣女果，芫荽。

1. 取1/8个西瓜皮，从中间下刀，雕出鹰嘴和背部。

2. 雕出上部翅膀。

3. 剔除腹部下面多余的瓜皮。

4. 雕出下面翅膀轮廓，预留好支撑位置。

5. 雕出鹰的尾部。

6. 将翅膀镂空即成。

鸟语花香

原料： 西瓜，菠萝，橙子，青苹果，雪梨，提子，圣女果，芫荽，兰花。

1. 取 1/6 个西瓜皮，切平底部使其可以立稳，再削薄瓜皮，而后从鸟的头部开始雕刻。

2. 雕鸟与树的中间部位，剔除多余部分。

3. 将鸟的尾部雕出羽毛的轮廓，再在羽毛的中间镂出 V 形小口。

4. 在树叶上雕出叶脉。

5. 雕刻完毕。

祥鹤献瑞

原料：西瓜，橙子，青苹果，红苹果，油桃，圣女果，哈密瓜，芫荽。

1. 取 1/8 个瓜皮，先从鹤的嘴部开始雕刻。

2. 再雕出腹部的轮廓。

3. 雕出背部的轮廓。

4. 雕出翅膀和尾部。在下面雕出草和石。

生日快乐

原料：西瓜，橙子，果冻，红苹果，柿子，青提，红提，红、绿樱桃，生日蜡烛，兰花，芫荽。

1.取1/4个大西瓜皮，去瓤后将中间雕字部分预留好。

2.将双鹤的背部轮廓雕出后将瓜皮再削薄。

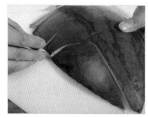

3.雕出双鹤的头部。

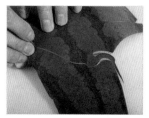

4.雕出双鹤的腹部，剔除多余的瓜皮。

5.雕出翅膀的轮廓。

6.再雕出双鹤的尾部。

7.将中间部分分成4个等大的方格，从"生"字的一撇下刀雕起。

8.雕字时要特别注意上下的连接部分，不可雕断。

9.将"乐"字右边的一点雕出来。

10.将双鹤的翅膀和尾部镂空，雕出眼睛即成。

11.雕好的生日快乐造型。

情投意合

原料：西瓜，橙子，红李，哈密瓜，青瓜，青提。

喜上眉梢

原料：西瓜，哈密瓜，青苹果，芒果，橙子，菠萝，绿樱桃，布林，红提，芫荽。

笑口常开

原料：西瓜，橙子，菠萝，红樱桃，绿樱桃，芫荽。

1. 取 1/8 个瓜皮，先从人物的前额部分开始雕。

2. 以夸张的手法雕出鼻子。

3. 雕出嘴的上半部。

4. 雕出嘴部。

5. 将前面的轮廓雕好后，剔除多余瓜皮。

6. 雕好头发部分。

7. 切去后面多余的瓜皮，显出人的轮廓。

8. 用雕花刀雕出眼睛即成。

喜结良缘

原料：西瓜，青苹果，
橙子，红李，红提，青
提，绿樱桃，圣女果。

1. 取1/4个大西瓜，去瓤。

2. 留好底座，切去多余瓜皮。

3. 切薄瓜皮。

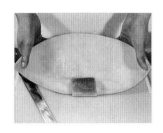

4. 已准备好的瓜皮。

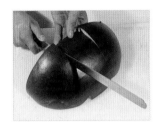

5. 切开瓜皮，将中间"喜"字部分预留好。

6. 先从喜鹊的头部开始雕刻。

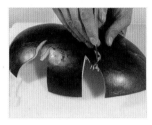

7. 在两边雕出两个对称的喜鹊。

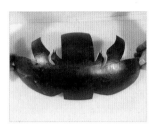

8. 雕好喜鹊轮廓的上边缘。

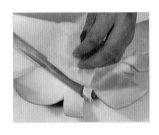

9. 在雕的过程中继续将瓜皮削薄。

10. 雕出喜鹊的翅膀和尾部轮廓。

11. 用雕花刀描出下面的翅膀。

12. 雕出喜鹊的整体轮廓。

13. 切除尾部下方多余的瓜皮。

14. 切除翅膀附近多余的瓜皮。

15. 将喜鹊尾部镂空。

16. 将翅膀镂空。将整个造型用清水浸泡平整后备用。

行龙的雕刻步骤

1.将瓜皮削薄,摆放平稳,从龙的鼻子处开始雕刻。

2.雕刻口部。

3.雕刻胡须。

4.雕出两个角。

5.在头与颈部之间雕出胡须浅纹,注意不要雕得太深。

6.雕出爪及腿部。

7.雕刻后腿。

8.雕出尾部轮廓。

9.雕出背部轮廓。

10.雕刻背部长毛。

11.雕刻腿部长毛。

12.雕刻尾部长毛。

13. 斜雕出口部轮廓线，不要雕太深。

14. 切出一个圆形小孔作为龙的眼睛。

15. 在尾部长毛中雕出 V 形小口。

16. 雕出龙鳞浅纹。将绿色表皮去除即可，不要雕得太深。

17. 将尾巴的中间部位呈 V 形镂空。

18. 将雕好的龙放入冰水内浸泡几分钟使其挺直。

升龙的雕刻步骤

1. 取 1/6 个西瓜皮，削薄后先雕出龙须上半部分。

2. 剔除多余的瓜皮。

3. 雕出龙头的上半部分轮廓，去除多余瓜皮。

4. 再雕出下半部分龙须，并雕出嘴部。

5. 雕出嘴部轮廓，预留好前面龙爪部分。

6. 雕出龙的背部轮廓，并雕出后面的龙爪。

7. 雕出龙身的轮廓，并注意龙身的曲线。

8. 雕出尾部的大致轮廓。

9. 将背部雕成锯齿状，把龙身和底座连接部分用虚线描出来。

10. 将尾巴中间部分镂空。

11. 沿锯齿状边缘用雕花刀挖出一条小槽。

12. 将尾部锯齿状边缘中间镂空成 V 形。

13. 用雕花刀在龙身上刻出鳞状细纹即可。

祥龙献瑞

原料：西瓜，哈密瓜，白兰瓜，橙子，青苹果，红苹果，兰花。

望子成龙

原料：西瓜，菠萝，火龙果，橙子，哈密瓜，白兰瓜，青提，红提，黑布林，兰花，红、绿樱桃，芫荽。

龙子

拼摆过程

1. 摆好造型，用蝴蝶形菠萝片在盘边围一圈，将火龙果切成薄片推开竖立在造型前，将哈密瓜、苹果、橙子、红提如图加工和摆放。

2. 将1/6个西瓜连皮切成山火形摆放在造型后面，再摆上一块切好的白兰瓜。

3. 把切好的厚西瓜片竖立摆放在山火形西瓜两侧，再摆上橙角和洗净的黑布林。

4. 将红、绿樱桃切去底部，间隔摆放在蝴蝶形菠萝片上。最后用兰花和芫荽进行点缀即可。

凤的雕刻步骤

1. 先从凤的头部开始雕刻。

2. 雕出在前的翅膀的轮廓。

3. 雕出在前的翅膀的羽毛。

4. 雕出在后的翅膀。

5. 雕出身体的羽毛。

6. 雕出尾部的轮廓。

7. 在尾部四周雕出羽毛。

8. 在羽毛中雕出 V 形小口。

9. 在尾部中间两侧各去除一条瓜皮。

10. 在尾巴的中间部分雕一条羽毛长带，在羽毛长带的中间雕一条直的浅纹。

11. 在翅膀的长羽中雕出 V 形小口。

12. 在凤的身上雕出羽毛状浅纹。

凤采祥云

原料：西瓜，哈密瓜，橙子，苹果，提子，芫荽，圣女果。

龙凤呈祥

原料：西瓜，翠玉瓜，橙子，苹果，白兰瓜，橘子，杨桃，香蕉，红提，圣女果，布林，果冻，兰花，芫荽。

游龙戏凤

原料：西瓜，哈密瓜，菠萝，橙子，火龙果，杨桃，提子，圣女果，芫荽。

摆拼要点：

（1）在整个西瓜的中段切下一块4厘米厚的圆形西瓜片，如图雕成假山的形状，在果盘中摆放平稳。

（2）将雕好的龙、凤造型摆放在假山上，再将丁形哈密瓜、橙角、V形杨桃以及切好的火龙果、菠萝、西瓜角、圣女果随意摆放在空缺处。

携手并进

原料：冰糖橙，圣女果，牛奶草莓，提子，无籽西瓜。

幸福美满

原料：无籽西瓜，香蕉，圣女果，红毛丹，提子，金橘，火龙果。